U0029393

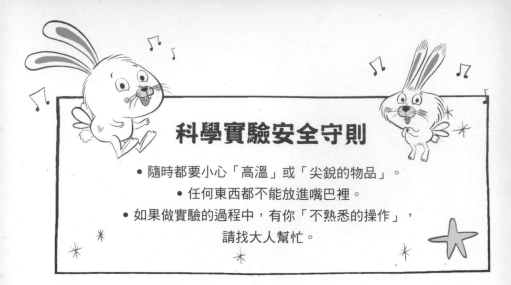

科學實驗安全守則

- 隨時都要小心「高溫」或「尖銳的物品」。
- 任何東西都不能放進嘴巴裡。
- 如果做實驗的過程中,有你「不熟悉的操作」,
  請找大人幫忙。

科學酷女孩的小實驗

想知道伊莉在書中的小實驗是
怎麼做出來的呢?

掃描看看下面的QRcode,
你可以看到詳細的實驗影片,
並且了解這些實驗背後的科學知識!

- **如何製作黏黏史萊姆。**
  (「媽媽經」教學影片)

- **如何用簡單的材料製作
  漂亮的水晶。**
  (「城乙化工」教學影片)

- **用樹枝、葉子,還有其他
  大自然材料製作小小木筏。**

小樹文化
Little Trees

救救童話 1

科學酷女孩伊莉

不神奇獨角獸，
和神奇的科學實驗

IZZY the INVENTOR

查娜‧戴維森 Zanna Davidson —— 著
艾麗莎‧艾維克 Elissa Elwick —— 繪
聞翊均 —— 譯

目錄

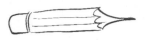

CHAPTER 1
不相信魔法的
科學酷女孩伊莉

伊莉最喜歡**科學**了，

她有一個好大好大的夢想，那就是：

她想要成為歷史上**最偉大的發明家！**

每一天，伊莉都會戴上

實驗護目鏡、穿上**實驗袍**，

進行她的傑出實驗……

不過，有時候做實驗會出

一些意外……

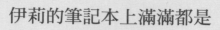

伊莉的筆記本上滿滿都是

發明和**實驗**。

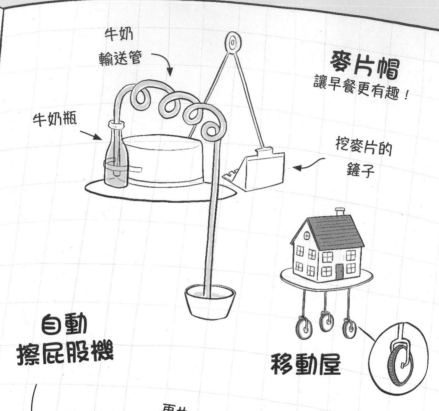

牛奶
輸送管

牛奶瓶

麥片帽
讓早餐更有趣！

挖麥片的
鏟子

自動
擦屁股機

移動屋

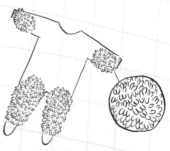

再也
不需要動手
擦屁股了！

具有拖把功能的
嬰兒連身衣！

超強力
耳朵

→讓你聽見
祕密對話

狗狗
專用傘

→專門為討
厭下雨的
狗狗設計

假鼻涕配方

→只是為了好玩！

吉利丁粉

熱水 / 碗 / 吉利丁粉 / 綠色食用色素
/ 轉化糖漿 / 湯匙和叉子

在碗裡放入一湯匙熱水；加入三湯匙的
吉利丁粉，並且攪拌均勻；接著再加入
幾滴綠色食用色素。

轉化
糖漿

最後加入半匙轉化糖漿，持續攪拌直到
碗裡的混合物變得又黏又稠，就像鼻
涕！你可以用叉子拉起一條又一條的假
鼻涕，祝你玩得愉快。

但是在出了各式各樣的意外之後，像是：

飛天雞蛋……

……麥片浴……

12

伊莉的爸爸跟媽媽再也受不了了。

「以後不准在家裡做實驗。」爸爸說。

「我只希望，」媽媽說，

「有一天上班的時候，

臉上不要有雞蛋

碎屑。」

「不要再做實驗了，」媽媽繼續說，
「實驗已經失控了。」

「還有一大堆彈跳雞蛋跳下樓梯。」

妹妹貝拉說。

「我希望妳今天陪妹妹玩。」爸爸說。

「萬歲！」貝拉大喊，

「來舉辦仙子下午茶吧！」

伊莉，妳可以當粉紅仙子喔。

「但是我不想當仙子。」伊莉大叫，

「**真不公平！**」

她踩著重重的步伐，
回到樓上的房間、
關上門。

「他們都覺得我很怪，

而且對科學一點興趣也沒有。

他們根本**不在乎我的實驗**。」

這時候，伊莉突然聽到一陣銀鈴般的說話聲⋯⋯

我叫做
「玫瑰閃亮腳仙子」，
是妳的仙子教母。

「這不可能是真的。」

伊莉說，「世界上根本沒有仙子，

科學家都知道這件事。」

「妳不知道的事情可多了。」仙子說。

人生中重要的
不只有科學，
想像力也非常重要。

「誰說的？」伊莉問。

「非常有名的科學家說的。」仙子回答後，

在空中寫下一行行閃閃發亮的字。

「妳需要的，」仙子嚴肅的說，
「是一匹**獨角獸**。」
伊莉搖搖頭，說：「我比較希望
妳給我一間**科學實驗室**。」

但是仙子完全沒在
聽伊莉說話。

她喃喃說出**咒語**，
伊莉的房間充滿了

閃亮亮的魔法

輕輕的**啪！**一聲之後，一匹胖胖的
巨大獨角獸出現在伊莉的房間。

「我不相信世界上有獨角獸。」伊莉說。

「噢，世界上真的有獨角獸。」仙子說，

「現在，跟我來吧！」

說完後，仙子飛出了窗外……

……她朝著花園後方飛去，那裡有一團閃閃發光的粉紅色雲ㄩㄣ霧ㄨˋ。

伊莉深深吸了一口氣，說：「優秀的科學家會調查每一件事情。」

她抓起科學筆記和
背包。接著,她看
了看亨寶,確定他真的是獨角獸,
然後跳到他的背上。
亨寶摸起來又暖又柔軟。

「出發嘍。」伊莉心想,接著指向敞開的窗戶,
大喊⋯⋯

CHAPTER 2
拯救童話國度

獨角獸非常聽話。

在伊莉的指揮下⋯⋯

⋯⋯他躍_{ㄩㄝ}出窗外⋯⋯

……他們蹦蹦跳跳的越過花園……

……穿過亮晶晶的

粉紅色雲霧。

雲霧的另一邊，看起來非常的……

……**不一樣**。

伊莉倒抽一口氣。

這裡是？

這裡是童話國度呀！

「我會幫妳介紹這個神奇的世界！」亨寶說。

「妳看那邊，那是……」

「**童話國度**裡還有很多童話生物。」
亨寶繼續說，「那是妖精、小惡魔、精
靈……喔，快看！**押韻兔**來了！」

我們是押韻兔！

我們喜歡押韻。

我們每天押韻，

這是生活態度。

歡呼呀押韻兔！

「這一定可以用科學來解釋。」伊莉心想，

「說不定我來到了**另一個宇宙**！」

伊莉開始翻閱科學筆記。

世界上有其他宇宙嗎？
我能去其他宇宙嗎？

科學論文作者：伊莉

1. 我們的宇宙可能是好幾個宇宙中的一個，
   就像巨大宇宙吐司的其中一片。這個概念
   叫做「多重宇宙理論」。

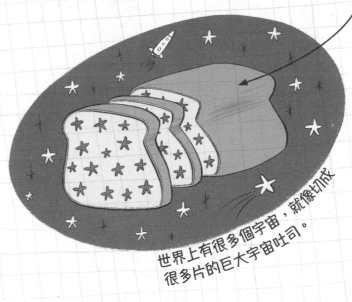

世界上有很多個宇宙，就像切成
很多片的巨大宇宙吐司。

2. 如果能找到正確方法，我們或許可以前往
   其他宇宙。

3. 著名科學家史蒂芬·霍金說過：
前往其他宇宙的方法或許是……

……穿越黑洞。

黑洞

我剛剛掉進
黑洞了嗎？

伊莉還來不及仔細思考，就聽到許多仙子
拍動翅膀發出的嗡ㄥ 嗡ㄥ 聲……

獨角獸女孩！
妳終於來了！
我們得救了！

「嗯，應該是哪裡搞錯了。」伊莉說，

「我不是**獨角獸女孩**。

有一個叫做『玫瑰某某腳』

的仙子來找我，然後⋯⋯」

這時，玫瑰閃亮腳仙子

飛到伊莉面前。

她就是預言中的
那個女孩。

「什麼**預言**？」伊莉緊張的問，

她發現仙子都在看她，

「妳在說什麼？」

玫瑰閃亮腳仙子的後方，出現一大群
仙子，他們搬來了一本巨大的書。

預言全都寫在
魔法書裡。

某一天，會有一位女孩騎著
獨角獸出現。

她的名字是「獨角獸女孩」，
她會拯救童話故事。

獨角獸明明是妳
送給我的。

「別管那麼多了。」玫瑰閃亮腳仙子說，

「**白馬王子**遇到麻煩了，

妳要負責拯救他。」

「但是我根本不了解童話故事。」
伊莉說。

你們找錯人了！

「我怎麼可能拯救童話故事？」伊莉問。

「因為妳很**聰明**，還騎著**獨角獸**。」

玫瑰閃亮腳仙子說，「妳不可能失敗的。」

「妳的任務是**今天晚上**把白馬王子帶回皇宮，」

玫瑰閃亮腳仙子說，「趕上**皇家舞會**……」

通往
末日火山

「如果太陽下山之前，

王子沒有出現的話，」仙子繼續說，

「就沒有人**陪灰姑娘跳舞**了，

到時候所有童話故事都會被打亂。」

「對我來說沒有差。」伊莉說，

「比起**童話故事**，

我比較喜歡讀**科學書籍**。」

這時候，仙子都開始哈哈大笑，

聽起來就像有一百個尖銳刺耳的銀鈴同時響起。

哈哈哈哈哈

哈哈哈
哈哈

哈哈哈哈哈

哈哈哈
哈哈

哈哈哈
哈哈

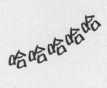

哈哈哈哈哈

「怎麼回事？」伊莉問，

「哪裡好笑了？」

41

「親愛的，妳還搞不清楚狀況呀。」玫瑰閃亮腳仙子說。她就像突然開始大笑一樣，突然停止了笑聲。現在，她的聲音一點也不像銀鈴那樣清脆悅耳了。

如果沒有找回白馬王子，妳就不能離開童話國度。

伊莉倒抽一口氣。

「要出任務了！」
亨寶大喊，

「萬歲！」

我最愛出任務啦！

42

CHAPTER 3
通過<u>憤怒</u>山怪橋

伊莉絕望的坐在地上，

「真是不敢相信。」她嘆了一口氣。

「但是說真的，」
亨寶一邊興奮的跳著
踢踏舞，一邊說，
「我們其實很幸運！
拯救白馬王子是超
級重要的任務呢。
來看看地圖吧。」

伊莉打開地圖，「天啊！」
她仔細看了看之後說，
「**末日火山**好遠喔，
比我原本以為得
更遠……」

不過，伊莉知道自己沒有其他選擇。

「好吧，」伊莉說，「我們走嘍。反正，
拯救王子也不會多困難吧？」

「萬歲！」亨寶說，

「這真是我一生當中最棒的一天！

伊莉，爬到我的背上吧。」

第一站，
憤怒山怪橋。

當他們準備出發時，押韻兔又開始唱歌。

「有一名邪惡的山怪叫做『瑪麗』？」伊莉問押韻兔，「瑪麗是誰？」

「她是**山怪女王**！」兔子們齊聲說。

她綠油油！
又充滿惡意！

她愛咬人！
有強大能力！

「真糟糕，」亨寶說，「他們又開始唱了。」

她四十好幾。

有疣ㄧㄡˊ狀
突起！

雖然伊莉還想再問一些問題，但是亨寶已經快步
跑到橋上了。

巨大無比的山怪走到橋上，重重的身軀讓橋都跟著晃動。

這名綠色的山怪看起來怒氣沖沖，她的頭上戴著尖尖的皇冠，還有一口又黃又大的牙齒。伊莉猜，她大概就是瑪麗吧。

「第一，」山怪說，

「你們必須稱呼我為**山怪女王瑪麗**。

第二，答案是**不行**。

不准經過我們的橋，除非打倒我們。」

其他山怪一聽到「打倒」這兩個字，

立刻跳上跳下、揮舞著他們的大拳頭。

亨寶用單腳旋轉一圈。一道閃閃發光的

美麗彩虹從他的角咻一聲飛了出來。

但是山怪似乎完全沒有受到影響……

「我們一定能想出其他方法。」伊莉心想。

接著，她看到了一面告示牌。

「山怪女王瑪麗，」伊莉大聲說，試著壓過其他山怪的吶喊，「你們為什麼這麼憤怒呢？」

「因為我們的史萊姆不見了！」瑪麗說。

我們以前有好多史萊姆。

「那真是美好的時光啊……」瑪麗說。

我們揉揉捏捏
玩史萊姆！

我們用
史萊姆
洗澡！

我們互砸
史萊姆。

「後來，」瑪麗哭著說，

「仙子拿走了我們的史萊姆！」

「我可以幫你們做出史萊姆！」

伊莉一邊說，一邊從背包裡拿出筆記本，

「我知道哪種實驗最適合！」

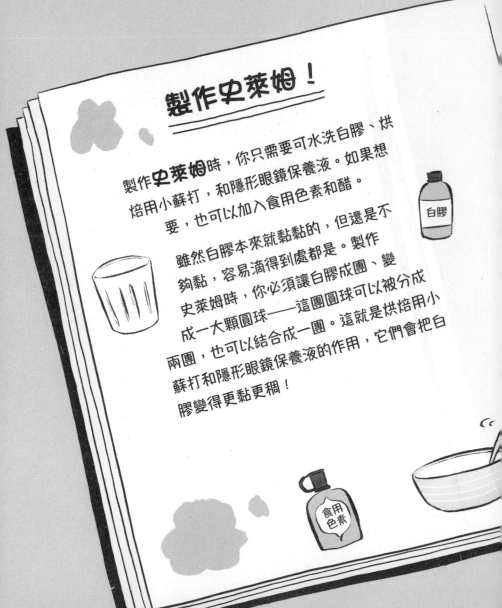

製作史萊姆！

製作**史萊姆**時，你只需要可水洗白膠、烘焙用小蘇打，和隱形眼鏡保養液。如果想要，也可以加入食用色素和醋。

雖然白膠本來就黏黏的，但還不夠黏，容易滴得到處都是。製作史萊姆時，你必須讓白膠成團、變成一大顆圓球——這團圓球可以被分成兩團，也可以結合成一團。這就是烘焙用小蘇打和隱形眼鏡保養液的作用，它們會把白膠變得更黏更稠！

白膠

食用色素

我的史萊姆筆記：

史萊姆非常神奇，既不是固體，也不是液體——而是處在兩者之間。你可以像拿起固體一樣拿起史萊姆，也可以讓史萊姆像液體一樣滴下來。無論你把它放在什麼形狀的容器裡，它都會變成容器的形狀。你還可以讓史萊姆像球一樣彈跳！

如果你慢慢拉扯史萊姆，它就會變得很長。但是如果你快速拉扯，它就會迅速分成兩團。

重點：
史萊姆不能吃！

材料都有了，
只缺一個很大的鍋子。

妳一定就是
那個人！

妳是史萊姆女孩！
魔法書上就是
這樣寫的。

山怪女王瑪麗從口袋裡拿出一本巨大的皮面
精裝書。接著她開始朗讀……

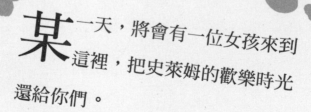

某一天，將會有一位女孩來到
這裡，把史萊姆的歡樂時光
還給你們。

她就是史萊姆女孩。

伊莉不太確定自己喜不喜歡**史萊姆女孩**這個名字，但她不會說出來的，「如果我幫你們製作史萊姆，可以讓我們過橋嗎？」

「沒問題。」瑪麗說完後，給了伊莉一個巨大的鍋子。

山怪都興奮極了。

伊莉開始製作史萊姆。

她不斷**攪拌**、**混合**、**擠壓**，直到獲得了一大團充滿彈性的綠色史萊姆。

伊莉看了看配方，說：

「還有最後一個材料……」

突然之間，史萊姆開始**不斷膨脹**、

滋滋作響、**冒出泡泡**，

然後發出**一聲巨響**，接著……

「伊莉！」亨寶悄悄說，

「這些山怪好像很開心。我們趁現在離開！」

趁山怪還沒有反悔，伊莉和亨寶迅速過橋，

繼續他們的任務……

CHAPTER 4
穿過壞壞 哥布林的洞穴

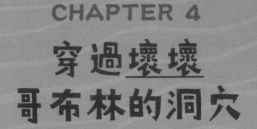

我都不知道，原來妳會魔法！

「根本沒有**魔法**。」

伊莉堅定的說，「那是**科學**。」

她很想好好向亨寶解釋，但是他們已經抵達了一個黑暗通道的入口。通道外面放了一個漆成黑色的告示牌。

「**壞壞哥布林**？」伊莉看著告示牌說。

「真好玩！」亨寶說。

伊莉和亨寶沿著彎彎曲曲的通道前進，

愈走愈深、愈走愈深……

四周**愈來愈暗、**

愈來愈暗……

「我要把手電筒拿出來。」伊莉說。

接著，她就後悔了……

「很抱歉，」伊莉說，「我們想去末日火山。」

壞壞哥布林發出了既低沉又悠長的沙啞笑聲，回音不斷旋繞在洞穴裡，「想要**通過**的話，」他們說，「就必須給我們一些**報酬**。」

伊莉靈光一閃，

「我知道怎麼用科學實驗製作**水晶**。

你們要水晶嗎？」

「每個哥布林都有嗎？」貪心的哥布林問。

「沒問題。」伊莉說，

「但是，首先我需要一些熱水。」

哥布林從沸騰的大鍋子裡舀了一杯熱水給她。

於是伊莉開始製作水晶……

瀉鹽……

幾滴食用
色素……

「接著把它放在低溫的地方。」伊莉說完後，走到洞穴中最冷、最黑的角落。

「大概3小時。」伊莉說，

「但是等待是值得的。」

「科學這個東西實在**太慢了**。」哥布林抱怨。

「我也這麼覺得！」亨寶說，

「我來唱歌打發時間吧。」

終於，**水晶**完成了……

「我才不是長角的馬。」
亨寶抱怨。

「我也不會魔法。」伊莉堅定的說，

「事實上，是瀉鹽溶解在水中。

由於水的溫度下降，所以瀉鹽會彼此結合，

就會製作出水晶……」

但是哥布林根本沒在聽。

他們全都忙著盯著亮晶晶的水晶。

「我們要快一點。」伊莉說，
「快要沒有時間了。」

別忘了，太陽下山之前
要救出白馬王子。

妳說得對。
接下來要去哪裡？

伊莉和亨寶看著地圖。
「喔，不。」伊莉說，
「我不喜歡下一個
地點的名字。」
她唸出地圖上的
黑色大字……

「……**深不可測的絕望湖**！」

CHAPTER 5
越過深不可測的
絕望湖

抵達湖邊時，伊莉和亨寶都有一點害怕。

可惜我
不太會游泳……

這座湖非常寬廣，對岸也非常遠。

深不可測的
絕望湖

「我們只能飛過去了。」伊莉說。

「我不會飛。」亨寶難過的說，

「我頂多只能……**飄起來一下**。」

「既然如此，」伊莉笑著對他說，

「就讓我來製作**木筏**吧。請拭目以待！」

這些樹枝可以
做成框架。

「需要加一些**亮粉**嗎?」亨寶問。

「當然要嘍!」伊莉說。

「看！」伊莉說，她終於把木筏做好了，

「我們可以過河啦。」

「妳確定我們過得去嗎？」亨寶問。

「我只做過玩具木筏。」

伊莉承認，「而且是放在浴缸裡面。」

他們小心翼-翼-的踏上木筏。

「成功了！」
亨寶大叫起來，
還興奮的東跳西跳。
「停！」伊莉喊道，
但木筏**左搖右晃**……

……不斷**搖擺**！

木筏晃來晃去。

「糟了！」亨寶說，

「我不該亂跳的！哇啊！我要掉下去了……」

「我也是！」伊莉說。接著……

嘩啦一聲，
他們掉進了水裡。

伊莉哈哈大笑起來。

「你看！」她站起來說，

「結果『深不可測的絕望

湖』根本就沒有深不可測

嘛。這座湖一點也不深。

我們直接走過去

就可以了。」

末日火山，
我們來了！

但是，當他們抵達湖的另一邊時，

太陽已經低垂。

「糟了！」亨寶說，

「太陽馬上就要下山了。」

我們沒辦法在時間
內抵達山頂。

「都是我的錯。如果我是一隻優秀獨角獸的話，就不會發生這種事了。」亨寶說。

我還弄翻木筏。

「伊莉，我讓妳失望了。」

亨寶哭著說，「我真是隻沒用的獨角獸。」

「你才沒有讓我失望呢。」伊莉說，「我覺得你是非常棒的獨角獸喔。」

我只會噴亮粉和跳舞。

「我一點也不棒。」
亨寶淚流滿面的說，
「童話國度的其他
獨角獸都會施展了不起
的**魔法**。」
亨寶絕望的把頭上的角，
戳(ㄔㄨㄛ)進山坡裡。

我根本不配
當獨角獸。

接著，他們突然聽到了叮！響亮的一聲，

山坡上的暗門突然打開了。

某個聲音響起。

歡迎光臨
末日火山。
如需搭乘電梯，
請進入門內。

「萬歲！」伊莉大喊著抱住亨寶，

「你拯救了我們！山裡有一台電梯！」

他們走進電梯後，暗門便關上了。

電梯全速上升。

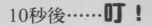

10秒後……**叮！**

您已抵達目的地。
祝您旅途愉快。

一位表情緊張的男子走過來和他們打招呼。

「你是白馬王子嗎？」伊莉問。

對，我就是。

我們來拯救你了，
讓我們帶你
回皇宮吧。

「你一定很開心能見到我們吧！」亨寶笑著說。

但是白馬王子看起來沒有很開心見到他們。

事實上，他似乎一點也不開心。

他把伊莉和亨寶帶到旁邊的小走廊，

並搓ㄘㄨㄛ 扭ㄋㄡˇ 自己的手指頭。

「天啊，喔，天啊。」他喃喃自語，

「我原本以為，沒有人能找到我。」

95

「事情是這樣的，我知道去參加舞會會發生什麼

事……」白馬王子嘆了一口氣，

「首先，我必須和灰姑娘跳舞，

　　　　　　　但是我超討厭跳舞！

96

「接著，我必須拿著掉落的玻璃鞋，到處尋找灰姑娘……

「最後，我還必須和她結婚！但是我根本就**不認識她**！

「我只希望大家別來找我，讓我成為**鱗翅學家**。」

鱗什麼學家？

就是專門研究蛾和蝴蝶的人。

「所以，你們恐怕是白跑一趟了。」
白馬王子堅定的說完後，
便帶他們回到電梯前。

「我絕對不會去參加皇家舞會的，
你們不能逼我！」

「但是，如果你不去參加皇家舞會的
話，」伊莉的聲音開始顫抖，「我就永
遠不能回家了。」

98

CHAPTER 6
從此過著
<u>幸福快樂</u>的生活？

伊莉不知道該怎麼辦。她必須讓白馬王子改變心意。

我知道的科學方法都沒有用。

伊莉懇求著看向亨寶。這是她唯一的希望了。

問題是，
雖然你不想參加
皇家舞會……

「但是灰姑娘該怎麼辦呢？」
亨寶對白馬王子說，「你不覺得要先跟她解釋
一下，比較有禮貌嗎？」

喔，天啊，你說得沒錯……
而且我從小就被教導
做人要有禮貌。
好吧，我會跟你們走，
但我絕對不跳舞。

「我們要在太陽下山前抵達皇宮，

時間不多了。」伊莉說，「出發吧！」

伊莉和白馬王子跳到亨寶的背上，

出發前往皇宮。

他們搭乘電梯來到**末日火山**的山腳⋯⋯

穿越（其實並不）**深不可測的絕望湖**⋯⋯

經過**壞壞哥布林的洞穴**……

走過（沒那麼）**憤怒的山怪橋**……

接著踏上**皇宮**的階梯，

這時候太陽正好要下山了……

白馬王子跑了起來，他穿過一群仙子，

大聲叫住在皇宮階梯上的那個女孩。

灰姑娘！

「唷ㄛ 齁ㄡ！」他叫道，

「哈——囉——！灰——姑——娘——！」

階梯上的女孩轉過身，
驚訝的看向王子。
「白馬王子？」她說，
「我們不該在這個
時候見面的！」

灰姑娘！我有話
要跟妳說。

我很抱歉，
但我不能參加舞會。
我討厭跳舞。

王子跑上最後一層階梯、站在灰姑娘身旁。

「我覺得治理王國很有趣呢。」
灰姑娘笑著對王子說。

在家時，我必須
負責煮飯、打掃……

……洗衣和
記帳……

治理王國對我來說
應該很簡單。

「既然如此，你願意和我一起參加皇家舞會，
但是不跳舞嗎？」王子問。

「我很樂意。」灰姑娘微笑道。

等等！童話故事的
結局才不是這樣呢！

「我覺得這個結局很棒呀。

每個人都很開心呢。」伊莉說。

「但是舞會上一定要**跳舞**才行。」仙子說。

那有什麼問題。
看我的！

亨寶衝進舞池，跳起了這輩子
最棒的一支舞。

舞會結束後，伊莉的肩膀被拍了一下。

「妳可以回家了。」玫瑰閃亮腳仙子說，
「我一開始就認為，**童話國度**需要借助妳傑出
的**科學才能**，我想得沒錯！但我希望妳能答應
我一件事……」

「什麼事？」伊莉問。她知道跟仙子說話時要很
謹ⱼⱼ慎ⱼⱼ……

我希望，
妳能在我們需要
幫助時回來。

嗯……

「每個人的生活中，偶爾都需要一點**魔法**。」
玫瑰閃亮腳仙子說。

「好吧，我答應妳。」伊莉說，

「如果你們需要幫助，我就會過來。」

最後，伊莉轉身抱住亨寶。

我會很想妳。

我也會很想你。
你是我看過最會跳舞
的獨角獸了。

玫瑰閃亮腳仙子
揮了揮**魔法棒**，
然後一眨眼……

……伊莉回到了自己的房間……

……這時候，妹妹正好衝了進來。

可以陪我玩仙子遊戲嗎，拜託？

好呀。

「真的嗎？」貝拉說。

「每個人的生活中，偶爾都需要一點**魔法**……」
伊莉說。

伊莉和貝拉玩了一整天。伊莉甚至戴上了貝拉的
仙子翅膀，用銀鈴般的聲音說話──就像她聽過
的仙子說話聲。

那天晚上，伊莉躺在床上時，
突然在房間角落看到了一本 **《灰姑娘》**。
她走過去，撿起了那本書。

「雖然很久沒有讀這個故事了，」伊莉心想，
「但這本書的結局絕對⋯⋯很不一樣。」
她露出微笑。
她很確定新結局一定比舊結局更棒。

灰姑娘

「我不想參加皇家舞會。」王子說，「我討厭跳舞。」

「喔，我也是！」灰姑娘大聲說。

「既然如此，」王子說，「妳願意和我一起參加皇家舞會，但是不跳舞嗎？」

「我願意。」灰姑娘說。

不久後，灰姑娘和王子墜入愛河並結婚了。
王子變成了知名的鱗翅學家；
灰姑娘則運用智慧，把王國治理得非常好。

每年他們都會舉辦皇家
舞會，紀念傑出的獨角
獸舞者亨寶。

這個結局真棒！

119

但是，他們過上幸福快樂的日子了嗎？不！

他們沒有！灰姑娘和白馬王子忘記邀請**壞仙**

子布蘭達參加他們的婚禮。

壞仙子布蘭達非常生氣，她對其他童話故事

都下了**詛咒**。

「首先是《睡美

人》。」壞仙子布

蘭達凶狠的說，

「就連真愛之吻也

無法喚醒她了。」

「那要怎麼做，她才能醒來呢？」一名好仙

子問。

「她不會醒來！」壞仙子布蘭達高聲說。

「別這樣嘛。」好仙子說。

「好吧。」壞仙子布蘭達嘆了口氣，「讓睡美人醒來的條件是……白雪落在永遠夏季草原上，還有，」她指著亨寶補充，「那隻獨角獸能夠飛翔。」

好仙子們全都沮喪極了。

「救命呀！」他們說，「我們需要獨角獸女孩！只有她能拯救我們……」

糟了！

本書完

科學酷女孩的實驗筆記

以下是伊莉記錄的幾個實驗……

製作彈跳雞蛋

(硬地板最適合這個實驗)

1. 準備一顆雞蛋（生的）。

2. 把雞蛋放進裝了白醋的罐子裡，浸泡2～3天。

3. 把殘餘的蛋殼沖洗掉或刷掉。

4. 把蛋高舉在距離地面2.5～5公分的高度。

5. 放手，觀察雞蛋彈跳。

6. 試試看，要把雞蛋舉多高，掉下來時才會破掉！

實驗原理：

雞蛋的蛋殼是一種堅硬的材質，叫做「碳ㄊㄢˋ 酸ㄙㄨㄢ 鈣ㄍㄞˇ」。醋是一種酸，會和碳酸鈣產生反應。隨著時間過去，醋會溶解蛋殼，接著醋會影響蛋殼底下的那層薄膜，讓這層薄膜更堅韌，蛋才能彈跳。

製作爆炸史萊姆

作者：伊莉

你會需要：

- 118ml的可水洗白膠
- 烘焙用小蘇打（又叫小蘇打或碳酸氫鈉）
- 白醋
- 隱形眼鏡保養液
- 食用色素（非必要）

如何製作史萊姆：

把白膠擠進碗裡。把¼茶匙的烘焙用小蘇打撒進碗中，並且用湯匙攪拌均勻。如果你想要彩色史萊姆，可以加入幾滴食用色素，接著再加入幾滴隱形眼鏡保養液，用湯匙混合均勻。持續加入幾滴隱形眼鏡保養液，並且持續用湯匙攪拌，重複這個步驟，直到你製作出一顆具有黏性的圓球。接著，開始用手揉捏史萊姆，直到不再黏手但可以拉長。

讓史萊姆爆炸！

按壓史萊姆的中心，製造出一個洞；加入½茶匙的烘焙用小蘇打，並用手揉捏均勻。重複這個步驟5～6次，直到史萊姆開始變硬，摸起來有點粗糙。

加入的烘焙用小蘇打愈多，爆炸反應就愈大！

把史萊姆放進碗裡，捏成火山的形狀。

加入一點點醋，然後再多加一點醋……

退一步，觀察史萊姆爆炸！

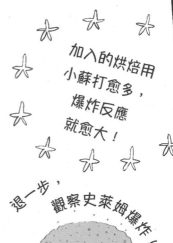

製作屬於你的針狀水晶

作者：伊莉

需要材料：

一個杯子
或小碗

半杯熱水

半杯瀉鹽
（硫酸鎂）

一滴食用色素
（非必要）

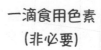

有趣小知識：

瀉鹽其實根本不是鹽！

瀉鹽是一種礦物質，也叫做硫酸鎂。瀉鹽加進溫
水後就會開始溶解，與水混合在一起。但隨著水
的溫度下降，瀉鹽就會再次與水分離，並且聚集
在一起，形成結晶。

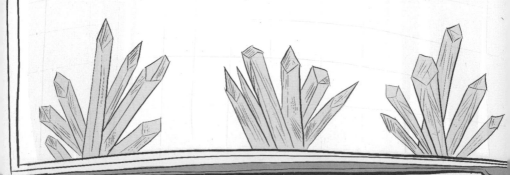

製作步驟：

1. 把溫水倒進杯子或碗裡。

2. 慢慢加入瀉鹽、不斷攪拌，直到所有瀉鹽都溶解。

容器裡面可能還會殘留一些瀉鹽，但是沒有關係。

3. 加入一滴食用色素。

4. 把杯子或碗放進冰箱（或寒冷的哥布林洞穴裡），靜置3小時。

如果想加快速度，可以先放進冷凍庫冰10分鐘。

5. 水晶會慢慢開始成形。

一旦水晶的長度達到好幾公分，就可以小心的把水晶撈出來、放進玻璃罐裡儲存。

放在冰箱愈久，水晶就愈大。

如果把水晶放在有蓋子的玻璃罐裡，水晶就能維持更久。

製作玩具木筏

教學步驟

作者：伊莉

需要材料：

- 2根粗樹枝，製作底座

- 大約10根較細的樹枝，製作木筏甲板
  （請使用長度差不多的樹枝）

- 用來綑綁樹枝的細線或麻繩

- 剪刀

製作步驟：

1. 把粗樹枝放好，讓兩根粗樹枝維持平行放置，並且相隔一些距離。接著把製作木筏甲板的其中一根細樹枝，放在粗樹枝上面偏左邊的位置。

2. 剪下一段長長的繩子（至少1公尺）。

3. 將第一根細樹枝交叉放在底座上，用繩子往同一個方向繞兩圈，接著往另一個方向繞兩圈、讓繩子形成十字，就可以把樹枝固定住。

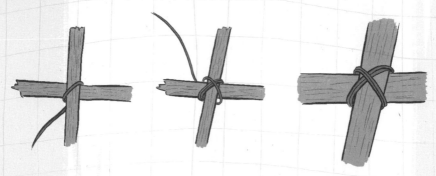

4. 重複上一個步驟，把細樹枝的一端都綁在木筏的一側，且樹枝之間要緊密排列。

5. 在木筏的另一側重複上面兩個步驟。完成後放在水面上，測試看看木筏會不會浮起來！

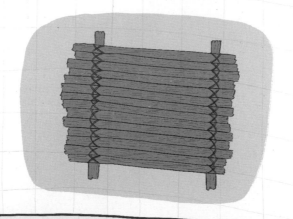

作者：查娜‧戴維森（Zanna Davidson）
繪者：艾麗莎‧艾維克（Elissa Elwick）｜譯者：聞翊均

出　　版：小樹文化股份有限公司
社長：張瑩瑩｜總編輯：蔡麗真｜副總編輯：謝怡文｜責任編輯：謝怡文
行銷企劃經理：林麗紅｜行銷企劃：蔡逸萱、李映柔｜校對：林昌榮
封面設計：周家瑤｜內文排版：洪素貞

發　　行：遠足文化事業股份有限公司（讀書共和國出版集團）
　　　　　地址：231新北市新店區民權路108-2號9樓
　　　　　電話：(02) 2218-1417｜傳真：(02) 8667-1065
　　　　　客服專線：0800-221029｜電子信箱：service@bookrep.com.tw
　　　　　郵撥帳號：19504465遠足文化事業股份有限公司
　　　　　團體訂購另有優惠，請洽業務部：(02) 2218-1417分機1124

特別聲明：有關本書中的言論內容，不代表本公司／出版集團之立場與意見，
文責由作者自行承擔。

法律顧問：華洋法律事務所 蘇文生律師
出版日期：2023年8月23日初版首刷

ISBN 978-626-7304-18-1（平裝）
ISBN 978-626-7304-17-4（EPUB）
ISBN 978-626-7304-16-7（PDF）

國家圖書館出版品預行編目資料

科學酷女孩伊莉：不神奇獨角獸，和神
奇的科學實驗／查娜‧戴維森（Zanna
Davidson）著；艾麗莎‧艾維克（Elissa
Elwick）繪；聞翊均 譯--初版--新北市：小
樹文化股份有限公司 出版；遠足文化事業
股份有限公司 發行；2023.08
面；公分--（救救童話：1）
譯 自：Izzy the inventor and the unexpected
unicorn
ISBN 978-626-7304-18-1（平裝）
1.科學實驗 2.通俗作品

303.4　　　　　　　　112011624

IZZY THE INVENTOR AND THE UNEXPECTED UNICORN
First published in 2023 by Usborne Publishing
Limited, 83-85 Saffron Hill, London EC1N
8RT, United Kingdom. usborne.com
Copyright © 2023 Usborne Publishing Limited
This edition is arrangement through Andrew
Nurnberg Associates International Limited.
Chinese Translation © 2023 by Little Trees Press

All rights reserved版權所有，翻印必究
Print in Taiwan

小樹文化官網

小樹文化讀者回函